我的第一套启蒙百科全书

可爱的动物

于启斋◎编著
梦堡文化◎绘

吉林科学技术出版社

图书在版编目（CIP）数据

可爱的动物 / 于启斋编著. -- 长春 : 吉林科学技术出版社，2023.6
（我的第一套启蒙百科全书）
ISBN 978-7-5578-9183-1

Ⅰ. ①可… Ⅱ. ①于… Ⅲ. ①动物－儿童读物 Ⅳ. ①Q95-49

中国版本图书馆CIP数据核字(2022)第007695号

我的第一套启蒙百科全书
可爱的动物
KEAI DE DONGWU

编　　著　于启斋
副 主 编　赫雨桐　钱宇琦　高荣林
　　　绘　梦堡文化
出 版 人　宛　霞
责任编辑　金钟女　樊莹莹
封面设计　长春美印图文设计有限公司
制　　版　长春美印图文设计有限公司
幅面尺寸　226 mm×240 mm
开　　本　12
印　　张　5
字　　数　65千字
页　　数　60
印　　数　1-6 000册
版　　次　2023年6月第1版
印　　次　2023年6月第1次印刷

出　　版　吉林科学技术出版社
发　　行　吉林科学技术出版社
地　　址　长春市福祉大路5788号出版集团A座
邮　　编　130118
发行部传真 / 电话　0431-81629529　81629530　81629231
　　　　　　　　　81629532　81629533　81629534
储运部电话　0431-86059116
编辑部电话　0431-81629518
印　　刷　辽宁新华印务有限公司

书　　号　ISBN 978-7-5578-9183-1
定　　价　29.90元

目录

CONTENTS

什么是动物

从小小的蚂蚁到硕大无朋的大象，地球上生活着各种各样大大小小的动物。动物中有长毛的、有鳞的、有斑点的、有厚皮的、有甲壳的，真是五花八门！那么，究竟什么是动物呢？或者说，动物的判断标准是什么呢？

动物是生物的一个种类。它们一般以有机物为食，能感觉，可运动，能够自主运动。不妨想一想，动物还有哪些特点呢？

植物和动物有很多相同点，也有很多不同点。动物、植物都是生物。

动物需要营养

动物要吃东西，不同的动物吃的东西不一样，像家养的狗、兔子、猫等，我们每天都要给它们吃食物，否则，一定会饿得嗷嗷叫。

野生动物需要靠自己的技能捕捉食物，所以它们获得食物并不轻松！

想一想，
植物也需要呼吸！

动物需要呼吸

茫茫大海中，突然从海面冲出一个高达十几米的水柱，十分美丽、壮观。你知道吗，这美丽的“水上喷泉”是鲸呼气时形成的，它们要经常浮出水面换气。金鱼在水中，鳃盖会不停地一张一合，那也是在呼吸。动物要吸进氧气，呼出二氧化碳。

动物需要排出废物

动物会出汗、呼出气体、排尿，把体内的废物排泄出去。

动物受到刺激会做出灵敏的反应

羚羊见到猎豹会使出吃奶的劲儿跑，否则就没有命了！

动物有着复杂的神经系统，越是高等的动物，神经系统越发达，对外界的反应越灵敏。“三十六计，走为上计。”羚羊听到声音，会迅速做出跑的行为。

动物能够生长和繁殖

家养的猫、狗，在一定的季节，会生出自己的宝宝。母鸡在一定的季节会孵出小鸡。老虎、狮子、斑马也会生出自己的宝宝。它们的宝宝会渐渐长大，并不是一成不变。这些都说明，动物能够生长和繁殖。

动物能够遗传和变异

狗宝宝很像它的妈妈，这叫遗传；狗宝宝之间长相不同，这叫变异。

狗宝宝有些地方像它的妈妈，有些地方像它的爸爸，这就是遗传。不过，狗妈妈生下的一窝孩子，各不相同，各有各的特点，这就是变异。

陆生动物

生活在陆地上的动物叫作陆生动物。在世界各地的森林、平原、高原、山脉、草原、荒漠或沙漠等地，我们都可以看到它们的踪影。

哺乳动物

这些都是哺乳动物，有的个子十分高大，有的非常矮小。

鸟类

这么多鸟儿，该如何区分它们呢？

鸟儿大都能够飞行，只有少部分鸟儿不能飞，如很大的鹳鸵，虽然奔跑快，但不能飞。有些猛禽，如秃鹫，它很厉害，可以捕食狼、山羊等。

爬行动物

爬行动物的身体特征也是五花八门，体形大小差别很大。

两栖动物

常见的两栖动物有青蛙和蟾蜍。

娃娃鱼又叫大鲵，是国家二级重点保护野生动物。

节肢动物这么多种类呀！

节肢动物

节肢动物的种类比较多哦！

软体动物

陆地上常见的软体动物不是很多。

水生动物

湖泊、溪流、江河和海洋等水域是水生动物的乐园。那些一生或大部分时间生活在水中的动物，我们管它叫水生动物。

一生生活在水中的哺乳动物

在水中也生活着不少哺乳动物，如鲸、海豚等。

像海狮、水獭等动物，一半时间在水里，一半时间生活在陆地上。

企鹅，一半时间生活在水里，一半时间生活在陆地上，并且很有绅士风度。

鱼类

鱼的种类非常多，世界上的鱼类有20000多种，我国有3000多种。它们形态差别很大，可以分为海水鱼和淡水鱼两大类。

海水鱼

淡水鱼

棘皮动物

海星

海胆和海星是棘皮动物。

爬行动物

海蛇

海洋中的爬行动物种类不多，有海龟、海鳄和海蛇。

腔肠动物

会飞的动物

提到会飞的动物，大家首先可能会想到鸟类。其实，会飞的动物还有很多，它们的一个共同的特点就是拥有会飞的翅膀。

孔雀

鸟儿款款飞

鸟儿的翅膀很有力量，双翅一闪，就飞走了！

翩翩起舞

蝴蝶

会蜇人的马蜂

马蜂

远距离飞行的蝗虫

蝗虫

夜间活动的蛾类

绿蛾

蜂鸟

会飞的动物有多种飞行技能，它们会在空中俯冲、高飞、低飞、远飞、滑翔和盘旋，能够迅速起飞和降落。最小的鸟儿——蜂鸟，竟可以“倒车”——倒着飞，真是厉害！

吃奶的动物——哺乳动物

吃奶并不是人类的专利，有些动物刚出生时也需要吃妈妈的奶才能长大，我们管它们叫哺乳动物。

大象

老虎

有大有小

哺乳动物体形有大有小，有些简直超出我们的想象。像大象、老虎、长颈鹿、北极熊都是动物里的“巨人”，它们身材高大，也吃奶。像喜欢钻洞的老鼠、兔子、黄鼠狼等也是哺乳动物，它们是哺乳动物里体形偏小的。

蓝鲸

水下也有

哺乳动物不光陆地上有，水下也有。鲸、海豚、海豹、海狮、海狗等动物，是生活在水里的哺乳动物。鲸是世界上体形最大的哺乳动物，有多种鲸目前已处于濒危状态。

天上飞的

能够飞行的哺乳动物并非蝙蝠一种。蝙蝠虽小，但它能够飞行，且喜欢昼伏夜出。有些蝙蝠喜欢吃昆虫、花蜜、果实，有的还喜欢吃鱼、青蛙和吸食动物的血液。

胎生和哺乳

不论是在陆地上、水里，还是在空中飞行的哺乳动物，它们都有两个共同的特点：一是胎生，不像鸟类那样是卵生的；二是哺乳，它们小时候和我们人类一样，都是喝妈妈的乳汁长大的。

浑身毛茸茸

哺乳动物一般身上长有毛发，大多都是浑身毛茸茸的。生活在北极地区的北极狐有着浓厚的毛发，可以给身体保温呢！还有生活在海拔 3000 多米高寒地区的哺乳动物牦牛，它们身上长有的长毛可以抵御零下三四十摄氏度的低温。

体温恒定

哺乳动物是恒温动物，无论是身处热带森林里，还是处在冰天雪地中，体温都是恒定不变的。除了哺乳动物体温恒定外，鸟类的体温也是恒定的。

有漂亮羽毛的朋友

一提到有羽毛的朋友，大家会马上想到鸟类。是呀，世界上有羽毛的动物非鸟类莫属。有些鸟类擅长飞翔，也有些鸟类擅长奔跑和游泳，真让人惊叹！

外型——流线型

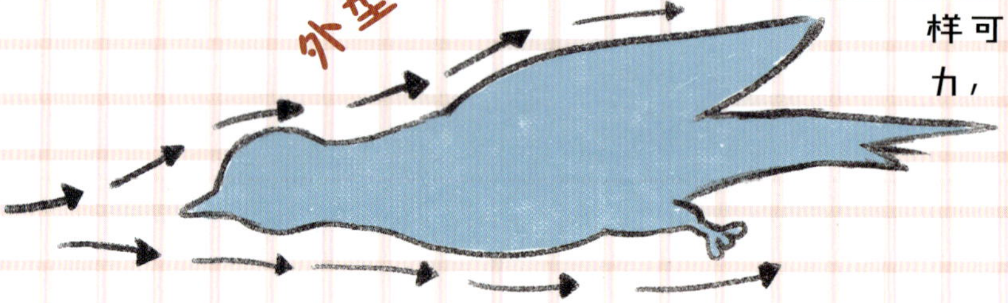

鸟儿的身体呈流线型，这样可以减少在空气中飞行的阻力，飞得更快！

有翼和羽毛

鸟儿的体表覆盖羽毛，可以保持体温和身体干燥；前肢变成翼，翼上生有几排大型的羽毛，当它展开时，呈扇子形，面积很大，有利于扇动空气而飞行。

有发达的胸肌

鸟儿的胸肌特别发达，附着在胸骨上，这样可以牵动鸟翼完成飞行动作。

人的心率：60～100次/分；
鸽子心率：135～244次/分；
金丝鸟心率：514次/分；
蜂鸟心率：615次/分；
青蛙心率：22次/分。

有发达的心脏

鸟儿的心跳频率快，血液运输氧气和营养物质的能力强，能给飞行提供大量的能量。

骨骼是中空的

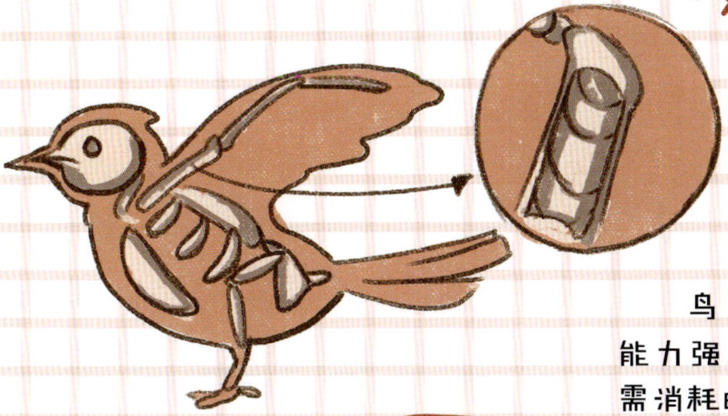

从鸟儿的骨骼上看，它的骨骼轻、薄而坚固，有些长骨是中空的，这样就减轻了体重，有利于飞行。

食量大，消化快，直肠短

鸟儿的食量很大，消化能力强，足以提供飞行时所需消耗的大量能量。

鸟儿的直肠短，消化后的食物残渣能直接被排出体外，以减轻体重，利于飞行。

视觉发达

鸟儿视觉发达，有些还能够在快速飞行中捕捉食物。如鹗鹰在30多米的高空中还能看清湖里的鱼。

双重呼吸

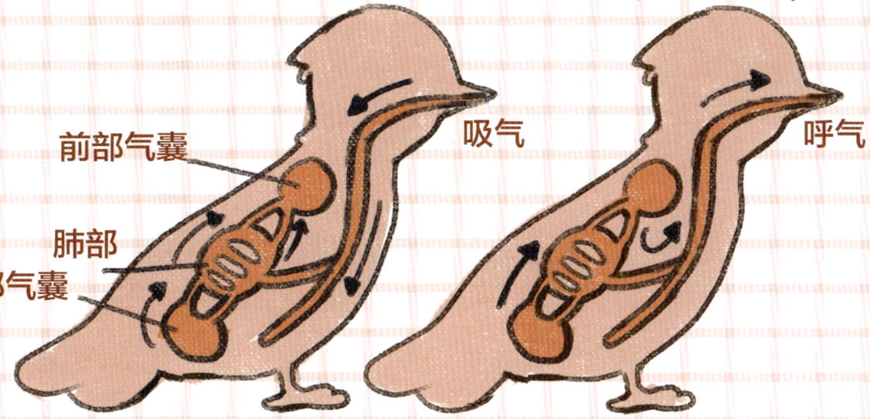

鸟儿的呼吸系统比较特别，除肺之外，它还有与肺相通的气囊，在吸气和呼气时，气体在肺内能进行气体交换，这叫双重呼吸，可以为鸟儿的飞行提供足够的氧气。

什么是爬行动物

像蜥蜴、蛇、鳖、龟和鳄鱼等，它们属于爬行动物，有适于在陆地生活的结构，有鳞片或披有甲等。这些结构是青蛙、蟾蜍等两栖动物所没有的。

身体分为头、颈、躯干、四肢和尾巴

爬行动物的头可以灵活转动，便于在陆地上发现食物和敌人。

蛇

体表覆盖着角质鳞片

蜥蜴

鳄鱼

爬行动物如鳄鱼、蛇、蜥蜴等，体表覆盖着角质的鳞片，不同的爬行动物，其角质的鳞片大小是不一样的。

角质的鳞片，既可以保护身体，又可以防止体内水分的蒸发。

鳖

龟甲

在考古过程中，人们发现在龟甲上或兽骨上刻有古老文字，这就是甲骨文。

体表覆盖着甲

龟

像龟、鳖等爬行动物，体表覆盖着甲。

龟的甲壳由拱起的背甲和扁平的腹甲构成。整个甲壳呈一个扁平的盒状，一般龟的头颈、四肢和尾部在其中能自由伸缩，龟甲还能起到较好的保护作用。

鳖，又叫甲鱼，身体扁平，略呈圆形或椭圆形，有背腹二甲保护着内部的身体。

体内受精，卵生

爬行动物是雌雄异体，体内受精，会产下大型的卵。卵有卵壳保护，卵壳可以防止卵内水分的蒸发。爬行动物真正意义上摆脱了对水的依赖。

爬行动物体表覆盖着角质鳞片或甲，用肺呼吸，在陆地上产卵，卵外面有坚韧的外壳。爬行动物的生殖发育完全脱离了水的限制，是最早的、真正的陆生脊椎动物。

啊！爬行动物是真正的陆生脊椎动物呢！

什么是两栖动物

有些动物很奇怪，既能在水里生活，又能在陆地生活，它们有着特殊的身体结构，人们管它叫两栖动物。

青蛙的身体分为头、躯干和四肢三部分。

青蛙的头部有一对向外凸出的眼睛，使观察的范围较大。青蛙眼睛的后面有鼓膜，能够感知声波。

青蛙的前肢短小，可以支撑身体；后肢发达，趾间有蹼，既能跳跃，又能游泳。

两栖动物在水中产卵，孵化出一个个小小的蝌蚪，跟鱼差不多，用鳃呼吸，在水中游动。

蝌蚪变态发育成成体

蝌蚪在水中生长到一定阶段，会长出四肢，尾巴消失，成了小青蛙。青蛙的这种发育叫变态发育。

幼体生活在水中，成体既可以生活在水里，又可以到陆地上生活，这就是两栖动物。

两栖动物有很多，如雨蛙、树蛙、蟾蜍、大鲵、蝾螈、石蛙等。

树蛙

大鲵

变温动物

两栖动物的体温不恒定，会随着外界气温变化而变化，属于变温动物。

冬天里，青蛙和蟾蜍等都要到地下冬眠。

什么是鱼类

在河流、水库、湖泊、池塘、海洋里都有鱼的踪影。鱼生活在水中，它有着适于在水中生活的身体结构。因此，我们人类就不能生活在水里。

只要你留心观察就会发现，金鱼一边喝水，一边从它的鳃盖后排水，其实，这是鱼在呼吸。鱼的鳃盖里有密密麻麻的毛细血管，喝进去的水在这里进行气体交换来获取氧气，排出二氧化碳。

鱼的身体呈流线型或是纺锤形，这样可以减少在水中游泳的阻力。

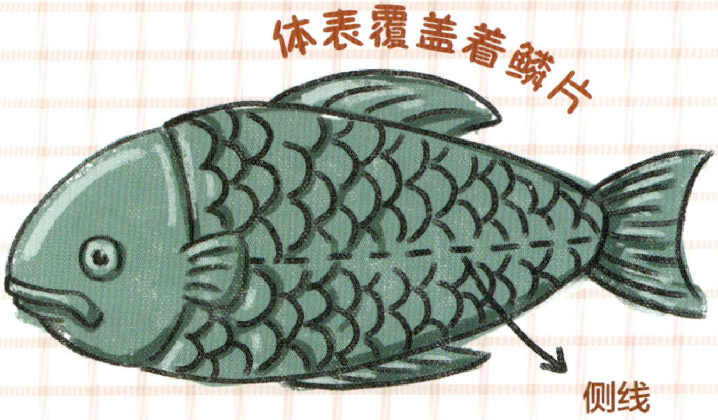

要知道，我的感觉器官是侧线！

一般鱼的鳞片上有很滑的黏液，起保护身体的作用，又可以减少自身在水中游泳的阻力。在鱼身体侧面的中央鳞片上有一条由许多小孔组成的侧线，能够感知水流和外界的变化。

我身上就没有鳞片哪！

有助于游泳的鳍

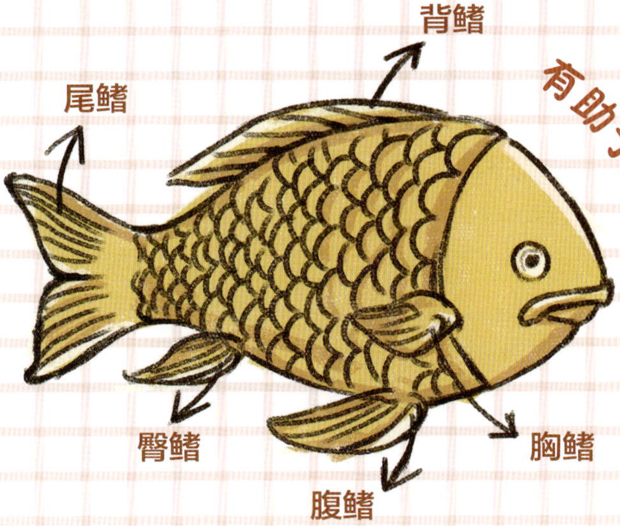

鱼身上有背鳍、胸鳍、腹鳍、臀鳍和尾鳍。哦，这些鱼鳍对鱼的游泳非常重要。它们有的负责平衡，有的负责直立，有的负责方向，各有分工。

鱼的运动纪录

旗鱼速度可达108.9千米每小时，是普通轮船的速度的4～5倍。

飞鱼能在空中飞行90秒，飞行距离可达1000多米。

躯干和尾部有着发达的肌肉

鱼除鱼鳍之外，它的躯干和尾部有着发达的肌肉，这可以带给鱼前进的动力。鱼只要摆动躯干和尾巴，就可以轻松地前进了。

鱼适于游泳的特点

鱼生活在水中，体表常有鳞片覆盖，用鳃呼吸，通过躯干和尾部的摆动及鱼鳍的协调来游动。

有趣的节肢动物

像苍蝇、蚊子、蚂蚁、蝗虫、蜘蛛、对虾、蟹、蝎子、蜈蚣、螳螂、蜻蜓和马陆等动物，被归类为节肢动物。节肢动物在陆地上和水中都有着广泛的分布，它是动物界中最大的类群。

昆虫类

像苍蝇、蚊子、蚂蚁、蝗虫、蜜蜂、知了和萤火虫等动物都属于昆虫。

它们共同的特点：身体分为头部、胸部和腹部；有外骨骼，能够蜕皮；有一对触角、三对足，一般有两对翅。

甲壳类

像虾、蟹等动物都是甲壳类动物。

它们共同的特点：身体分为头胸部和腹部，头胸部外面包有坚韧的头胸甲，有两对触角，大多数生活在水中。

蛛形类

蜘蛛

像园蛛、棉红蜘蛛和蝎子等动物都是蛛形类动物。

它们共同的特点：身体分为头胸部和腹部，有的结合在一起；有四对分节的步足；只有单眼，没有复眼。

蝎子

天哪，
多足类一定跑
得非常快吧！

蜈蚣

节肢动物

螳螂

只要我们留心观察，便会发现像甲壳类、蛛形类和多足类等动物都有如下特点：身体由很多的体节构成，并且分部；体外有外骨骼；足和触角分节。

多足类

马陆

像蜈蚣、蚰蜒和马陆是比较常见的多足类动物。

它们共同的特点：身体分为头胸部和躯干部，头部有一对触角，躯干部由许多相似的体节组成，每节有一对或两对步足。

蜻蜓

了解濒危动物

由于物种自身原因、化学污染、气候变化和人类盗猎等原因，动物的数量和种类越来越少，有些动物甚至面临灭绝的危机，这已引起了世人的广泛关注。全球范围内的动物保护工作正在进行。

在北京南海子麋鹿苑内有一座“世界灭绝动物墓地”，在这里排列着近300年来已经灭绝的各种鸟类和兽类的名单，每一块墓碑都代表一种已经灭绝的动物，墓碑上面记载着某一动物灭绝的年代和灭绝的地方。

极危动物

极危动物是指那些生存受到了威胁、数量稀少、野生种群绝灭概率非常高的野生动物。它们需要人类伸出保护之手，否则，将会很快退出历史舞台，人们再难见到它们。

濒危动物

由于动物自身的原因或受到人类活动或自然灾害的影响，而有灭绝危险的野生动物，就是濒危动物。

易危动物

易危动物，就是即将面临消失的野生动物。有些野生动物数目明显下降，如不采取有效的保护措施，势必沦为“濒危”者。

非洲象

造成濒危的原因

大部分濒危动物灭绝的原因主要是人类对于它们的捕杀，还有对于动物栖息地的破坏。

保护性措施

建立自然保护区是保护生物多样性最为有效的措施。

把某些濒危的物种迁出原地，移入动物园、植物园、水族馆以及濒危繁殖中心，进行特殊的保护与管理；建立濒危物种种质库，如动物的精子库。

此外，唤起全民保护动物的热情才是重中之重。

水母是一种什么样的动物

水母是一种非常漂亮的水生生物。它的顶部像一把透明的伞，这是它的伞状体；剩下的就是口腕，边缘长有很多须状的触手，触手上长有很多的毒刺，能够放出毒液，对人和动物有害。

水母在全世界水域中有250多种，绝大多数生活在海水中。

水母的身体是用水做的吗

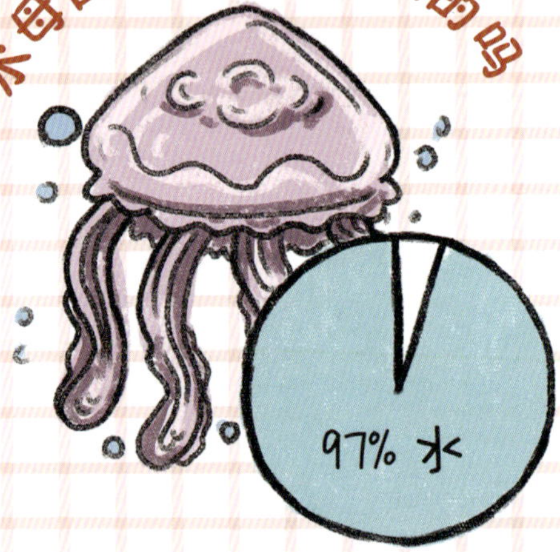

水母的身体看上去是透明的，主要成分是水，占体重的97%以上，还含有少量的蛋白质和无机盐类，如钙、碘等，脂肪含量极低。

水母是一种活化石动物

最原始、最低等的无脊椎腔肠动物——桃花水母，出现于距今6.5亿年前，出现时间比恐龙还要早几亿年，被喻为生物进化研究的活化石，其本身独有的基因对现代基因工程研究有重要意义。

水母有共生的伙伴

水母生性十分凶猛，但也有共生伙伴。它的合作伙伴是体长不过7厘米的小牧鱼，小牧鱼可以自如地在水母的触手之间游动，却不会受到其毒刺的攻击。

水母和小牧鱼是一种共生关系。水母是小牧鱼的“保护伞”，小牧鱼可以帮水母引来食物，还可以帮水母清理掉栖息在身上的小生物，从而获得食物。

水母——“活的天气预报器”

水母的感觉器官中有一个叫平衡石的结构，能感受到人耳听不到的次声波。

当海面起台风时，由于海浪和空气激烈摩擦会产生次声波，因此在台风来临之前的十几个小时水母就能接收到信号。于是，当水母纷纷离开岸边，游向大海深处，也就意味着台风很快就要到来了。

水母发光

水母的发光与众不同，靠的是一种发光蛋白质，它遇到钙离子就能发出较强的蓝色光来。

像栉水母在海里游动，身体像显现着蓝光的球体，后面的几条长长触手像闪耀着的细长光带。随着栉水母游动时身体的弯曲和摆动，光亮也千姿百态，十分优美动人。

有剧毒的箱水母

箱水母，也叫方形水母、海黄蜂，因它身体像个箱子，所以人们这样称呼它。

箱水母的触须上有着数十亿个毒针和毒囊，足够毒死 20 个成年人。人们一旦中了毒，在 4 分钟内不救治的话，就会必死无疑。

软体动物身体软吗

像乌贼、鱿鱼、章鱼、河蚌、扇贝、文蛤、缢蛏等动物，都属于软体动物，它们大多生活在海水中。有人或许会问，软体动物身体软吗？

体外有两个贝壳——双壳类

河蚌

扇贝

像河蚌、缢蛏、扇贝、文蛤等身体都是由两片贝壳组成。这两片贝壳是对称的，保护着里面柔软的身体。

贝壳主要是由石灰质组成，非常坚硬，对身体起保护作用。

海螺

体外有一个贝壳——单壳类

蜗牛

像鲍鱼、海螺和蜗牛等动物，身体外面只有一个贝壳，保护着壳里的身体。

鲍鱼的壳叫石决明，可以入药。

鱿鱼

乌贼

身体内有退化的贝壳

像乌贼、鱿鱼、章鱼等动物，身体的外面没有贝壳保护，而在体内有退化的贝壳。它们的身体要比有贝壳的软体动物更柔软一些。

乌贼也叫墨鱼，它的内壳叫海螵鞘，可以入药。

柔软的身体表面有外套膜

软体动物的外套膜是一层肉质膜，包裹在柔软身体的外面，就像套在身体外面的外套一样，因此叫外套膜。外套膜对内部的身体起保护作用，外套膜的分泌物可以形成贝壳。有些软体动物的分泌物还能形成珍珠。

运动器官是足

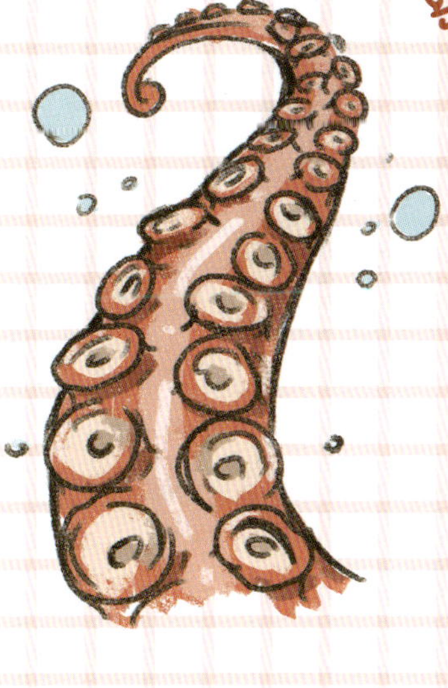

软体动物的运动器官是足。双壳类具有肌肉质的足，可以用足缓慢运动。

石鳖的运动器官是腹足，可以在岩石表面缓慢爬行或吸附在岩石上。

蜗牛用腹足爬行，能够分泌黏液，减少与地面的摩擦。

乌贼、鱿鱼和章鱼的运动器官是腕足，它们可以用腕足游泳，抓取食物。乌贼遇到危险时能够喷出“墨汁”来掩护自己逃生。

软体动物

章鱼

动物柔软的身体表面有外套膜，多具有贝壳，有的是一片，有的是两片。软体动物的运动器官是足，有的是肉质足，有的是腹足，有的是腕足。

知了的前世今生

知了又叫蝉、嘛叽嘹，它的幼虫叫蝉猴、知了猴等，有2000多种，每到夏天在树上“知了，知了”地叫。在夏天的乡村，知了活动得较为频繁。

身体分部

知了的身体分头部、胸部和腹部三部分。头部负责感觉和摄食，其中感觉器官由一对触角、三个单眼和一对复眼组成，口器用于摄食。胸部有三对足、两对膜翅，是运动中心。腹部容纳内部器官。体长2～5厘米。

身体有坚韧的外骨骼

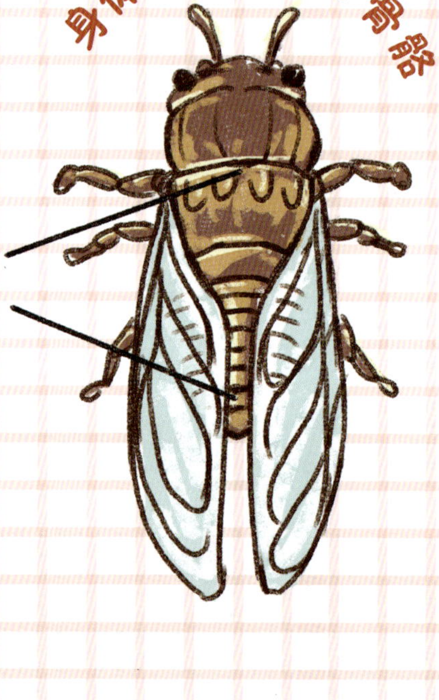

知了的体表有坚韧的外骨骼。外骨骼是知了体表细胞分泌的物质形成的，主要含有几丁质和蛋白质等成分。

外骨骼用来保护身体内部柔软的器官和防止体内水分的蒸发。

身体和附肢都分节

我们只要留心观察便会发现，知了的身体和附肢都有分节的现象，这也是它被称为节肢动物的原因。身体和附肢分节，使它活动起来更加方便灵活。

漫长的地下生活

“要命，金蝉幼虫在地下存活 5 ~ 12 年才能破土而出！”

如果蝉早晨就在大树上高声歌唱起来，这就是告诉人们：“今天天气会很热！”

秋天，秋蝉在枯枝上产卵。翌年，幼虫孵化潜入土中，从树根吸取养分长大，几年后钻出地面羽化。羽化时，幼虫先让蛹从中间开裂，以便钻出来，并不停地抖动，费力地从蝉蛹里出来，翅膀硬化后飞走，成为成虫，飞到树上不停“知了，知了”地叫。

发声器

雄蝉的腹部有发声器，能连续不断地发出尖锐的声音。雌蝉不发声，但在腹部有听器。

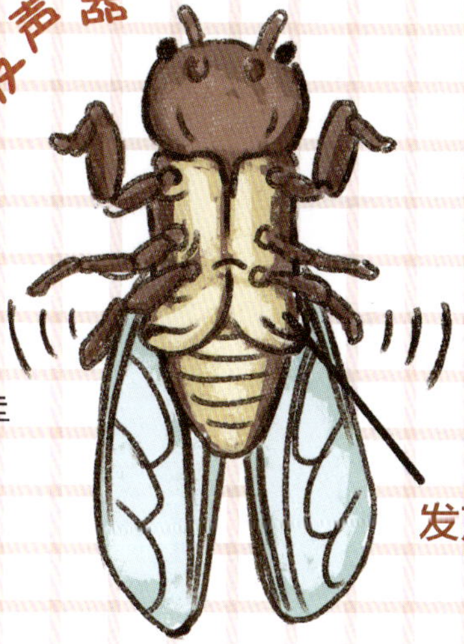

发声器

“漫长的地下生活真是‘折磨人’！”

不完全变态发育

蝉卵

若虫

成虫

蝉由卵至若虫，在地下经数次蜕皮，而后，不经过蛹而变为成虫，这种发育方式属于不完全变态发育。

可表示为：蝉卵→若虫（地下几次蜕皮）→成虫（蝉）。

生活在冰天雪地里的北极熊

北极地区年平均气温在 −25 ~ −15℃，最低气温达 −70℃。在这样的低温下，生活在这里的北极熊会不会冻死呀？

了解北极熊

北极熊又名白熊，是世界上最大的陆地食肉动物，体重可达800千克，十分凶猛。

北极熊的视力和听力跟人类的差不多，但嗅觉极为灵敏，是犬类的7倍；奔跑时最快速度可达60千米每小时。

北极熊捕食海豹

北极熊捕食海象

食性

北极熊是食肉动物，它的食谱中98.5%的食物是肉类，主要来源于海豹、海象、白鲸及小型哺乳动物，还有海鸟、鱼类等，有时在陆地上还会用腐肉打牙祭。在夏季，北极熊也会吃点儿浆果或者植物的根茎。

捕猎

“守株待兔”是北极熊最常用的伎俩，它会事先在冰面上找到海豹的呼吸孔，然后极富耐心地静静等候，一旦海豹露出头，它会立马使出撒手锏——用尖利的爪钩将海豹拖上来。当发现海豹在岸上时，它会蹑手蹑脚地爬过去，猛然发起进攻。有时，干脆潜入冰面下，直攻海豹。

游泳高手

世界上游泳水平最高的熊——北极熊，自刚出生就接触北极寒冷的冰，稍微长大一点儿，就要去体验北冰洋冰冷的海水。它的身体结构很适合游泳，毛发也不会进水。

北极熊大多数时间都是在海水中度过的，在水中可以连续游上几十千米，或者连续待上十几天。北极熊可以连续游动的最远距离长达352千米。

特殊的“防寒衣”

北极熊的皮肤为黑色，因毛发透明，从外观上看是白色的，也有黄色等颜色。黑色的皮肤有助于吸收热量，以便保暖。更重要的是，北极熊的毛发是中空的，空洞之间又有一根细芯，正是这根细芯能够吸收紫外线，将吸收的紫外线传到表皮，在这里将光能转化为热能储藏起来。

脚掌长有毛发、利爪

北极熊的脚掌长满了密集的细毛，这既有利于保暖，又有助于防滑，冰天雪地经常摔跤可不行！熊还有利爪，非常适于抓住冰面。

走近大象

脸上长鼻子，头上挂扇子，四根粗柱子，一条小辫子，大家一听就知道说的是大象。

大象是现在世界上最大的陆栖哺乳动物。它们以雌象为首领，以家族群居生活，一切活动由雌象说了算。

能吃能喝

大象是植食性动物，它在吃草的时候，会用灵巧的鼻子卷起草送到嘴里。有经验的象吃草的时候是鼻子和足并用，以加快进食速度。食物短缺时，它还会用鼻子去勾树枝和树皮吃。大象一天差不多可以吃150千克的草，一天要喝140 ~ 230升的水，这些水可以灌满整个浴缸。

大象每天排出的粪便达100千克以上，排尿也是“哗哗啦啦”尿个不停，放屁声音也很响。

有的非洲人会把湿乎乎的大象粪便贴在房屋框架上，等粪便干燥后，就有了结实的墙壁。用大象粪便还可以造纸。

废物利用

长长的鼻子有啥用

大象的鼻子由几千块肌肉组成，可灵巧地摘下树叶，拔出地上的青草，并送到嘴里；还能用长鼻子吸水送到嘴里喝；还可用鼻子吸一些泥浆涂在身上，防止蚊虫叮咬；鼻子的嗅觉很灵敏；鼻子的力量很大，能把大树连根拔起。

长长的牙齿

大象长有长长的门牙，可以用门牙凿断树干、挖掘树根，或用门牙来凿开果实。走泥泞的路时，大象常将门牙插入地面，以判断地面能否支撑自己身体的重量。大象的长牙也是保护自己的武器，就连“狼、豺、虎、豹、狮、野猪”都得让它三分。

大象的牙齿可以做艺术品，因此常常被偷猎，我们对大象应该加以保护。

大象鼻子怕老鼠吗

下动物棋的时候，我们认为大象的鼻子怕老鼠，这完全是一个误会。

老鼠见到大象要躲着走，即便是老鼠钻到大象的鼻子里，大象只要一呼气，也会把老鼠吹得老远，搞不好会摔死哩！

亚洲象和非洲象

亚洲象

非洲象

大象因生活环境的不同，可分为亚洲象和非洲象。

亚洲象：体形小，耳朵小，雌象门齿较小，没有露出口外，鼻子前端有一个指状突。

非洲象：体形高大，耳朵大，雌象、雄象的门齿都很大，鼻子前端有上、下两个指状突。

大象的耳朵

大象有着一对大耳朵。当天气热时，大象会不停地扇动大耳朵，来扇风散热。大耳朵还可以抽打昆虫，防止其叮咬皮肤。

鲸有多大

鲸是海洋哺乳动物中鲸目生物的名字，又分为齿鲸类和须鲸类，包括很多种类。这些种类有不少是重量级的“人物”。

抹香鲸雄性体长11～20米，雌性体长8.2～18米，成年体重25～50吨。

虎鲸体长8～10米，体重9吨左右。

齿鲸类动物

齿鲸类动物是具有锋利牙齿的海洋巨兽，也是海洋中的哺乳动物，如抹香鲸、虎鲸（又名逆戟鲸），一般体长20～22米，也有体长1米左右的。

须鲸类动物

蓝鲸是一种海洋哺乳动物，是已知的地球上生存过的体积最大的哺乳动物，体长可达33米，重达181吨。

须鲸类动物是有鲸须的鲸，也是海中的巨无霸，如蓝鲸、灰鲸、长须鲸，一般体长15～20米。其长须是长在嘴内的折角形齿片，用于过滤水和捕食虾及其他小动物，这些齿片就替代了牙齿。

捕食方法

长须鲸在慢慢游动的过程中会将浮游生物和水一起吞入嘴里，嘴半开，把水从须板中间滤出来，再把小鱼、小虾吞进肚子中。

当蓝鲸靠近一大摊的虾时，就会张大嘴吞食大量的水，装进可以伸长的、折叠的肚子。当嘴闭合时，鲸舌就推动那些海水顺着鲸须过滤出去，留下它所需要的虾。蓝鲸一次可以吞食 25000 升的水呢！

胎生哺乳

鲸是胎生哺乳动物。小鲸要吃一年的母乳才能发育成熟。鲸的“鳍”其实是由四肢演化来的。鲸用肺呼吸，是恒温动物。

鲸共有的特点

鲸生活在海洋中。鲸的表皮下有极厚的脂肪层，作为能源物质，可以使鲸体温保持恒定。鲸用肺呼吸，但能够长时间在水下屏住呼吸、减缓心跳速度，因此当它沉到海底，总要经过很长一段时间后才会再浮出水面。

猫科动物

像老虎、狮子、美洲豹、猎豹、云豹、黑豹、雪豹、猞猁、狞猫、金猫、家猫等动物都是猫科动物。猫科动物多数善攀缘及跳跃，大多喜独居，肉食，常以伏击方式捕杀其他恒温动物。

猫科动物有着斑斓的皮毛，皮毛没有单色的，几乎都是三色，这样便于隐蔽，是保护色。它们具有伸缩自如的爪子、柔软的脊椎，有着爆发力极强的肌肉，更有强大的捕食能力。

猫科动物的打斗技术堪称精湛，是地球上的最强者。强大的咬合力是任何犬科动物都望尘莫及的。藏在脚趾的爪子能伸能缩，十分锐利，是犬科直立的爪子无法比拟的。

猫科动物的牙齿十分锐利，一旦打斗起来，牙齿和爪子并用，爪子一秒钟可以出击三次，打斗能力远远强于犬科。

猫科动物捕猎时，通常采取的是伏击战术，慢慢地匍匐靠近猎物，因脚趾上有着厚厚的柔软的肉垫，走起路来悄无声息，接近猎物的时候，就会伺机猛扑过去，直接咬住猎物的喉咙，干净利索，一击必杀！

陆地上最凶猛的动物各有特点

陆地上最凶猛的动物应该是虎、豹、狮。它们同家里养的猫原是同族兄弟。在动物学分类中统称为猫科动物，在生存上各有特点：老虎会泅水，狮子则不会泅水，豹除了会泅水之外，还会爬树，动作敏捷，不逊猿猴。它们都以食肉为主。

牙齿

猫科动物的牙齿分工明确，形态差异很大。在上、下颌各有一对非常大而弯曲的犬齿，适于撕裂食物，一旦被犬齿咬住，很难逃脱。猫科动物的侧牙帮助切断食物。

舌头

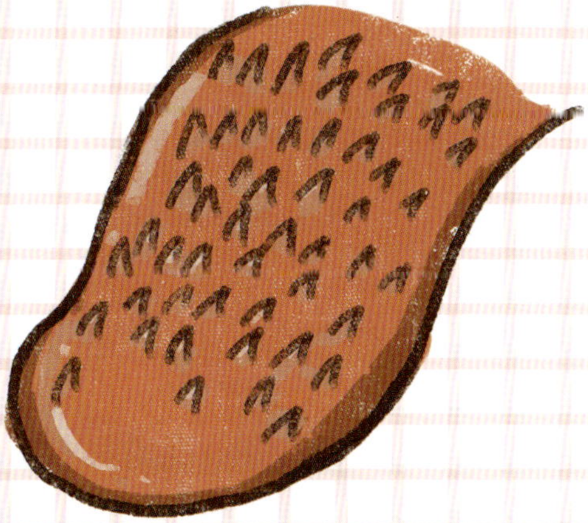

猫科动物的特点

体形大中小都有，躯体匀称，有四肢。头大而圆，吻部较短，有着发达的视觉、听觉和嗅觉器官；犬齿尤其发达；皮毛柔软，常有显著的花纹。前足有五趾，后足有四趾，爪能够伸缩，十分锐利，尾部比较发达。

猫科动物的舌头很粗糙。家猫的舌头就像粗糙的砂纸，老虎和狮子的舌头更粗糙，上面布满了具有倒钩的舌突，可以轻松地从猎物的骨头上剥肉。舌头还可以当梳子用，来梳洗漂亮的毛发。

蝙蝠家族

蝙蝠是翼手目动物，是唯一能够在空中飞行的哺乳动物。蝙蝠分布于全世界，在热带和亚热带地区最多。大部分蝙蝠都是白天休息，夜间觅食，过着昼伏夜出的生活。

惊奇，一个蝙蝠群竟可以有超过 2000 万只蝙蝠！

洞穴是蝙蝠住宿的好地方

蝙蝠大都喜欢住在洞穴里，这是因为洞穴口比较宽敞，进出比较方便。还有，洞穴一般很大，可以容纳很多的成员，因为蝙蝠大多喜欢群居。有时候，蝙蝠还居住在树洞或墙缝中。

视力差

蝙蝠是白天睡觉，晚上行动。长期保持这样的习惯，导致蝙蝠的视力很差，几乎到了盲的程度。蝙蝠的回声定位，弥补了蝙蝠的这一缺陷。

尽管我的视力差，但我在黑夜中飞行自如，不怕撞墙！

回声定位

蝙蝠在飞行的时候，能够由喉咙产生高于 20000 赫兹的强超声波，并通过嘴和鼻孔向外发射出去。当超声波遇到昆虫或障碍物而反射回来时，蝙蝠能够用耳朵接收，并能判断探测目标是昆虫还是障碍物，以及距离它有多远。这就是蝙蝠的“回声定位”。

蝙蝠的后肢小，又不能弹跳，遇到危险不能快速离开地面。因此，蝙蝠睡觉时挂在高处，可以开阔视野，稍微有点儿异常就能及时发现，迅速飞走。当遇到危险时，只要把爪子一松，身体往下一沉，就可以轻松起飞，逃之夭夭了。

头朝下屁股向上的蝙蝠怎样大小便

蝙蝠是唯一一类演化出真正的飞翔能力的哺乳动物，它需要排便和排尿。

蝙蝠在大小便的时候，会用翅膀上的趾甲抠住头顶上的石头或树枝，让身体转 180 度，这样头自然就会朝上了，顺当排便。

蝙蝠的粪便也叫夜明砂，既是一种中药，也是农业上良好的肥料。

正确看待蝙蝠

蝙蝠身上大约聚集了 100 多种病毒，但它自身强大的免疫系统，使这些病毒对它毫无作用。人类一旦去侵犯蝙蝠，如果杀不死蝙蝠身上的病毒，这些病毒就会侵染人类，像前些年流行的 SARS 病毒、埃博拉病毒都是蝙蝠携带的，或经过其他动物作为中间宿主，传播给动物或人类的，会导致患病。

大而不会飞的鸵鸟

鸵鸟为鸵鸟科唯一的物种，是非洲一种体形巨大，不会飞但奔跑得很快的鸟，也是世界上现存体形最大的鸟类。

颜值一路下滑

鸵鸟是卵生的。一般鸟类从卵壳出来会越长越漂亮，但鸵鸟却没有。它的脑袋早早就开始脱羽，最后秃得寸草不生，再加上一条又长又细的脖子、肥胖笨重的身体，看上去可怜巴巴。

鸵鸟生活在非洲草原上，身高可达 2.5 米，体重可达 150 多千克，全身有黑白色的羽毛，脖子长而无毛，翼短小，裸露的腿很长。平时速度达 60 千米每小时，最快可大于 70 千米每小时。一步可跨 8 米远，跨越高度可达 3.5 米。

声音也不敢恭维

鸟儿的歌声婉转动听，但鸵鸟开唱，却是“啊啊啊”，嗓音嘶哑，实在不敢恭维。

得天独厚的长腿

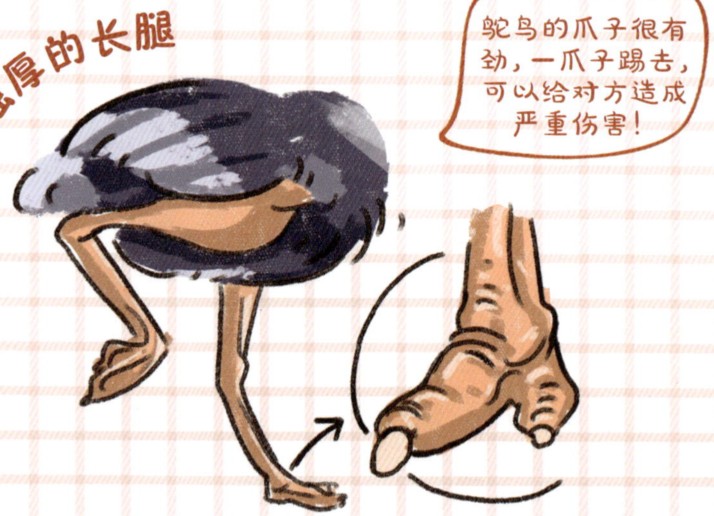

生活习性

鸵鸟喜欢群居，一般以 5 ～ 50 只为一群，常与食草动物相伴，属于日行性走禽类，适于在沙漠、荒原中生活，听觉和嗅觉灵敏，能够察觉 10 千米外的敌人。它善奔跑，跑时以翅扇动相助。

“鸵鸟政策”

传说鸵鸟在遇到猎人追捕或者危险临头时，会把脖子贴近地面，把头藏到草丛或沙子里，以为这样可以躲过危险，于是就有了“鸵鸟政策”这个说法。在现实中，鸵鸟在遇到危险时，会以快跑脱险。而鸵鸟把脖子贴近地面，是因为它具有地听能力，可以判断危险离自己的远近，以便对行动做出决定。如果鸵鸟真把头插入沙子里的话，还不把自己活活憋死！

世界上最大的鸟蛋

鸵鸟是鸟类，生殖也是卵生。鸵鸟的卵很大，颜色似鸭蛋，蛋长 15 ～ 20 厘米，重达 1.65 ～ 1.76 千克，足够几个人吃一顿。鸵鸟蛋是现存鸟下的蛋中最大的蛋，卵壳坚硬，可承受住一个人的重量。

绅士一般的企鹅

企鹅生活在南极这一世界最寒冷的地方，企鹅的样子深受人们的喜爱。不过，那里冰天雪地、气候寒冷，企鹅究竟是怎么在这样的环境下生活的呢？

走近企鹅

企鹅的身体呈流线型，可以减少水的阻力；脚长于身体最下部，所以企鹅呈直立姿势；羽毛短，以减少摩擦和湍流的影响；背部黑色，腹部白色；趾间有蹼，可以游泳；企鹅短小的翅膀变成了鳍状，成了强有力的“划桨”，游速可达 25 ~ 30 千米每小时，一天可游 160 千米。企鹅的食物主要是磷虾、乌贼和小鱼。

企鹅绅士

在陆地上，企鹅很像身穿燕尾服的绅士，走起路来一摇一摆，憨态可掬，深受人们的喜爱。遇到危险时，它就会连跌带爬，火速逃命，狼狈不堪。

羽毛保暖

南极是十分寒冷的地方，平均气温为 -25℃，最低气温 -88. 3℃。企鹅全身被覆着羽毛。这些羽毛重重叠叠地交织在一起，羽毛间存留一层空气，用以保温。不光冷风难以透过，就连海水也难以浸透它。在羽毛的下面还有保温的绒毛，密密麻麻，十分暖和。

觅食

在冬季，企鹅也需要填饱肚子。雌企鹅会用两个月的时间外出觅食，它需要步行数千米才能到达大海，在海里尽可能吃下更多的食物，为以后的产卵做好准备。

企鹅是鸟类，但不会飞

企鹅本来是有翅膀的，后来由于喜欢生活在海边和水里，双翅逐渐退化，变成了能够划水的鳍，失去飞翔功能。企鹅的体形也发生了变化，像鱼，善于游泳；腿变得短粗而有力，更利于划水；趾间有蹼，蹬水的面积更大。

企鹅爸爸艰难的孵化

企鹅妈妈产卵后，就把孵化权交给了企鹅爸爸。

孵蛋时，企鹅爸爸双足紧并，以尾部作为支柱，分担双足所承受的身体重量，然后用嘴将蛋小心翼翼地拨弄到双足背上，直到停稳为止。最后，将腹部的下端耷拉下一块肚皮，像安全袋一样把蛋盖住，就这样不吃不喝地站立60多天，一直到孩子脱壳而出。

天空的主宰——猛禽

鹰、雕、鵟（kuáng）、鸢（yuān）、鹫、鹞（yào）、鹗（è）、隼（sǔn）、鸮（xiāo）、鸺鹠（xiū liú）等动物都属于猛禽，是掠食性鸟类。在大自然中，猛禽的数量较少，但却位于食物链的顶层，作用十分重要。

空中捕猎

当猛禽在空中飞行，发现前面有猎物时，就会展开双翅，俯冲下来，以极快的速度捕捉猎物。

为狩猎而生

我的脚爪粗大有力，锐利而钩曲！

像鹰、秃鹫等猛禽拥有极快的飞行速度，翅膀强健，有强有力的脚爪、锐利的钩状喙、超强的视力，在高空就能够发现地面上不大的猎物，一副专门用于空中捕食的天赐结构，真是为捕猎而生。

猛禽在 2000 米的高空飞行，也能够清楚地发现地面上的兔子、老鼠和水里的鱼。

超强的视觉

猛禽的视觉非常敏锐，它的视力是人类的 6 ~ 10 倍。在晴朗的天气，游隼在 8 千米远的距离就能发现一只鸽子，金雕在 3 千米之外可以发现地上身长只有 45 厘米的野兔。

发达的听觉

猛禽的听觉很灵敏，尤其是夜间活动的猛禽，如猫头鹰，它的耳廓可以转 270°，这样可以听到周围微弱的声音。猛禽有高度发达的听力，其作用就是能够在黑暗中捕捉到猎物。

特殊的进食方式

猛禽的喙虽然锐利，但没有牙齿，进食时不能咀嚼，只能将猎物撕裂成块，连皮毛带骨骼囫囵吞下。随后，会将不能消化的骨骼、羽毛、毛皮等吐出来。大多数猛禽都有吐食团的行为。

猛禽的特点

猛禽除个别种类外，一般体形较大，主要吃肉，性情凶猛；翅膀强大有力，嘴和爪锐利，善于捕捉动物。如金雕、苍鹰、雀鹰、秃鹫等。因为杀伤力强，被称为“空中战斗机”。

海龟

海龟是爬行动物，它不同于陆龟，大部分时间生活在海洋里。当它要产卵时，才会爬到陆地上。

适于游泳的身体

海龟的身体呈扁椭圆形，头顶有一对前额鳞，四肢如桨，前肢长于后肢，前后肢内侧各有一爪，适于游泳；头、颈和四肢不能缩入甲内；适宜在水中生活。

护身的龟壳

我的壳可起保护作用！

海龟最独特的地方就是龟壳，这对海龟起到很好的保护作用，一般不会被动物咬伤，或被咬不至于送命。除了棱皮龟，所有的海龟都有壳。

爬行纪录

博尔特：“我胜利了，得了第一名！”

在一次比赛上，一只叫博尔特的乌龟在6分钟的时间内爬行了100米，成了世界上爬行最快的乌龟。其速度是一般乌龟的2倍。

长距离的迁徙

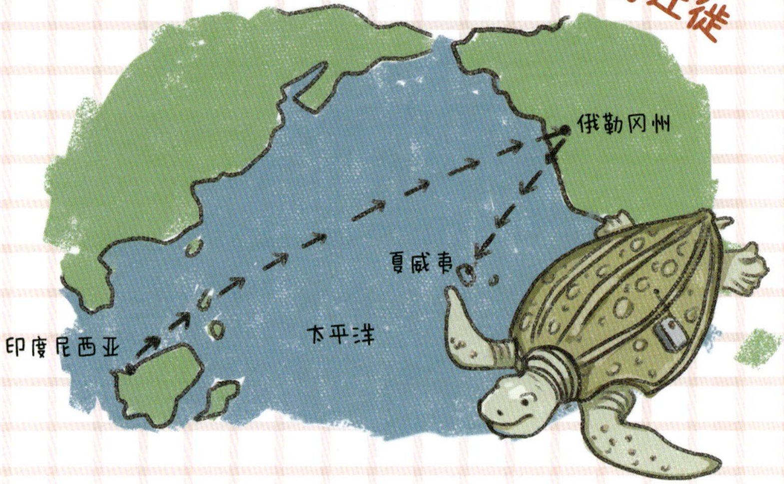

大多数海龟有迁徙的习性。一头雌性棱皮龟被科学家安装了一个卫星跟踪标签，接着放归大海，这家伙竟然在 647 天里，从太平洋的印度尼西亚游到美国俄勒冈州，接着游回夏威夷，全程了约 2 万千米。

按时产卵

海龟妈妈不管外出多远，都要回到出生地产卵，这需要迁徙很长的距离。当游到产卵地，它会在夜间比较安全的时间爬上沙滩，寻找安全地带一次产卵 50 ~ 200 枚。

刚孵化的幼龟纷纷逃往大海

大约经过六周后，卵开始孵化，幼龟从卵中爬出。它们纷纷从巢穴里爬出来，向大海里爬去。这时候，许多天敌前来觅食捕杀，只有侥幸逃脱的幼龟才能安全爬到大海中的安全地带。

寿命特别长

海龟的寿命长达 150 岁左右。其原因是：龟有一副坚硬的甲壳保护；有嗜睡的习性，身体代谢缓慢，能量消耗极少；心脏机能强；呼吸时，胸部不能活动，使用的是一种吞气式的呼吸方式。

“魔术师”——变色龙

有一种类似蜥蜴动物，体色会随着环境的改变而改变，叫变色龙，它是爬行动物的一员。

主要树栖

变色龙多生活在热带雨林中，主要栖息在树上，很少下到地面。它的体长 15 ~ 25 厘米，身体侧扁，四肢很长，指和趾合并分为相对的两组，这样的特征非常适于握住树枝。它的尾巴极长，能缠卷在树枝上。

特殊的眼睛

变色龙有着一双十分奇特的眼睛，眼帘很厚，呈环形，两只眼球突出，双眼上下左右可以转动自如且可以各自单独活动。双眼可以各自分工前后注视，既有利于捕食，又能及时发现后面的敌害。变色龙这种独特的眼睛十分罕见。

用舌头取食

变色龙有很长很灵敏的舌，舌长是体长的 2 倍，舌尖可以产生强大的吸力吸住猎物。

变色龙用长舌捕食是闪电式的，只需 1/25 秒便可以完成，我们用眼睛很难看清它的捕食动作。

变色龙又叫避役

变色龙学名叫避役。“役”在我国文字中的意思是“需要出力的事”，而“避役”的意思就是“可以不出力就能吃到食物”，这对变色龙来说，形容得十分恰当。

变色的意义

变色龙的皮肤会随着背景、温度的变化及其心情的波动而改变。雄性变色龙会将暗黑的保护色变成明亮的颜色，以警告其他变色龙离开自己的领地；有些变色龙还会将平静时的绿色变成红色来威胁敌人。可见，其变色的目的是为了保护自己，避免遭受袭击。

贵在变色

变色龙，顾名思义就是能够变色，这也是变色龙的主要特征。变色龙在一个昼夜能够改变6～7次颜色。在太阳西下时，它呈褐红色，可与灿烂的晚霞媲美；夜晚降临后，它又以黄白色的皮肤出现，与“太白金星”比姿；东方发白时，它又变成深绿色，与叶子竞绿；红日东升时，它又披上橘红色的“衣裳”；烈日当头时，它又换一身黄红色的“外衣”，静静地伏在树枝上晒太阳。

家中的壁虎

壁虎，在乡村尤其是旧屋中时常可以见到。它的样子难看，大多不受人欢迎。壁虎的身体长得跟蜥蜴差不多，都是爬行动物。

身体分部

家中的壁虎身体分头、颈、躯干、四肢和尾巴五部分。身体有了颈部，头就可以灵活转动了，加大了在陆地的活动范围。它的体长在 15 厘米左右。

除冬季之外，其余时间都可能见到壁虎。壁虎背腹扁平，身上排列着粒鳞或杂有疣鳞，指、趾端有爪。

目睹壁虎

在玻璃上跑步的秘密

壁虎脚底下的皮肤形成了长方形的褶襞，密布腺毛，具有吸附力，可在墙壁、天花板或光滑的平面上迅速爬行。

昼伏夜出

壁虎是昼伏夜出的动物。白天，它常常潜伏在壁缝、瓦檐下、橱柜背后等隐蔽的地方，夜间则出来活动。夏、秋季的晚上，壁虎常出现在灯光照射的墙壁上、屋檐下或窗户上，捕食蚊、蝇、飞蛾和蜘蛛等，是有益无害的动物。

自残

壁虎在受到惊吓或被捕捉时，只要被触碰到，它的尾巴就会立即折断以趁机逃跑，“丢掉”的尾巴有神经，会在原来的地方蹦跳起来以转移敌人的视线。不久，壁虎的尾巴还能长出来，只是要比原来的小，在别的壁虎眼里，断尾的壁虎地位也会受到影响。

吸盘不灵了

壁虎几乎可以吸附在任何物体上，在上面行走自如，但在不粘锅涂层材料——聚四氟乙烯上面，竟然无法爬行，这回丢人丢大了！

有趣的食物链

动物的生存需要能量的供应，这种能量的获得一般是从一个动物传递到另一个动物，也就是通过捕食动物获得。

绿色植物依靠阳光进行光合作用，即利用叶子吸收的二氧化碳和根吸收的水，合成有机物，并释放出氧气。

植物的光合作用，为植物、动物和人类提供了物质和能量的保障。绿色植物是生产者。

动物不能自己制造有机物，只能直接或间接以植物为食，是消费者。

细菌和真菌等能够把动物的尸体、枯枝烂叶分解成二氧化碳、水和无机盐，成为分解者。否则的话，大自然中的尸体、枯枝烂叶就会堆积如山，后果简直不可想象。

食物链

在生态环境中，不同的生物由于吃与被吃的关系形成的链状结构叫食物链。

例如，兔子吃草，狐狸吃兔子，可以表示为草→兔子→狐狸，这就是一条食物链。

食物网

很多食物链交错链接，同网一样，形成食物网。

兔和鼠吃草，狐吃兔和鼠，鹰吃兔、鼠和蛇，蛇吃鼠——这里存在5条食物链，交织成网。

集体生活的蜜蜂

蜜蜂过着群居生活。它们飞起来发出“嗡嗡嗡”的声音，大家一起去采集花粉和花蜜，酿成蜂蜜，十分勤劳。

蜂巢，是蜂群生活和繁殖后代的处所。

蜂巢的内部称为蜂房，蜂房由一系列蜂蜡制作而成，以紧密排列的六角柱体蜂室组成，这种六角形所排列而成的结构叫作蜂窝结构。

蜜蜂家族是群体生活，蜂群由雄蜂、工蜂和蜂王组成。

雄蜂是蜂群中的少数个体，数量少，唯一的职能就是和蜂王交尾，繁殖后代。

一个蜂群中，工蜂的数量达几千到几万只。工蜂是发育不完全的雌蜂，在蜂群中担任多种职能，如采集花蜜，酿制蜂蜜，分泌蜂蜡，建造巢穴，喂养幼虫、蜂王和雄蜂，保持蜂巢清洁和守卫蜂巢。一切出力的活儿，工蜂全承包了。

一个蜂群一般只有一个蜂王，它也是群体中最大的个体。蜂王是发育完全的雌蜂，在蜂群中的职能是产卵、繁殖后代。

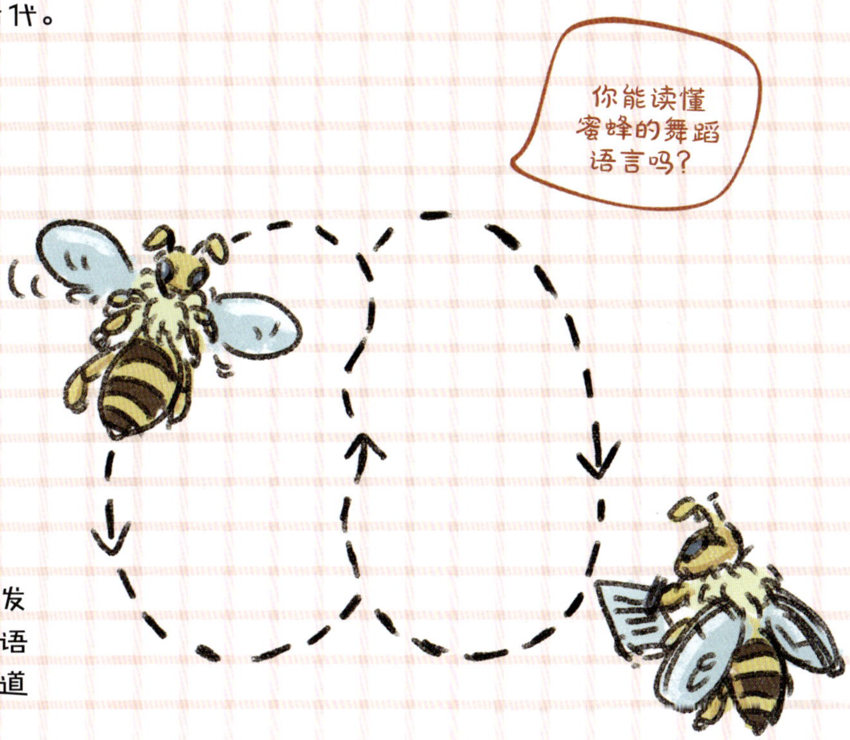

蜜蜂的舞蹈语言

蜜蜂外出采集花粉，当一只蜜蜂发现哪里有花粉后，会用蜜蜂特有的“语言”告诉同伴这里有蜜源。同伴们知道后，会纷纷前去采集花粉。

在蜂巢外活动的都是工蜂，它们会飞到有花的地方采集花粉，将采集的花粉运回蜂巢。在蜂巢里，工蜂会把花粉酿造成蜂蜜，并把蜂蜜储藏起来，作为过冬的食物。

"守株待兔"的蜘蛛

"南阳诸葛亮，独坐中军帐；摆开八卦阵，专擒飞来将。"大家一猜就知道这个谜语的谜底是蜘蛛。

蜘蛛是肉食性动物，喜欢织网。当织好网后，它就会躲到暗处，静静等待猎物上钩。

了解蜘蛛

蜘蛛体长从 0.05 毫米到 60 毫米不等，身体分头胸部和腹部。因适应性强，地球上很多区域都有蜘蛛的分布。

织网专家

蜘蛛的丝是从它腹部后部的"纺绩器"里的丝腺产生的。刚流出来时，还是一种发黏的"胶水"，一见到空气就会凝固成丝了。蜘蛛是天生的织网专家，当蜘蛛费好大劲儿织出网后，它便待到一边，静候猎物的"光临"。

蜘蛛网不粘蜘蛛自己吗

蜘蛛在织网时，会产不同性质的丝，蜘蛛不会走具有黏性的丝。蜘蛛腿的末端还能够分泌一种特殊的油状液体，可以起到润滑作用。所以，蜘蛛能够在蛛网上如履平地，来去自如。

蜘蛛都会织网吗

虎蛛

遁蛛

不是所有的蜘蛛都会织网。有些蜘蛛能够织网，来捕食昆虫，愿者上钩，蜘蛛会在网上不时巡逻。有些蜘蛛不会织网，靠的是突袭。虎蛛就是不结网的蜘蛛，它发现昆虫时，会悄悄靠近它，在距离1～2厘米时，突然发力一跃而上，捉住昆虫。

除了虎蛛之外，还有遁蛛、猫蛛、跳蛛、蟹蛛等都是不结网的蜘蛛，但它们都是捕食昆虫的能手。

捕鸟蛛

捕鸟蛛

并不是所有的蜘蛛都吃昆虫，有些特殊的蜘蛛竟可以捕食鸟类，这就是捕鸟蛛。

最大的捕鸟蛛是亚马孙巨人食鸟蛛（来自委内瑞拉和巴西等地），足展开超过30厘米。捕鸟蛛生活在树洞里，可以吃下麻雀的幼仔，也可以一次吃下整只乳鸽，还可以捕食蝙蝠、蜥蜴和老鼠。

狼蛛

狼蛛

狼蛛步足粗壮，多刺，末端为3爪。因跑得快、能够跳跃、有毒性、行动敏捷、像狼一样凶猛而得名。

狼蛛的背上长着像狼毫一样的毛，有8个眼睛。有的狼蛛毒性很强，能毒死麻雀，大的狼蛛甚至能毒死一个人。